Abdelhafid Guediri
Mourad Guediri
Abdelkarim Guediri

Engenharia Eletrotécnica Fundamental II

Abdelhafid Guediri
Mourad Guediri
Abdelkarim Guediri

Engenharia Eletrotécnica Fundamental II

Cursos e exercícios

ScienciaScripts

Imprint

Any brand names and product names mentioned in this book are subject to trademark, brand or patent protection and are trademarks or registered trademarks of their respective holders. The use of brand names, product names, common names, trade names, product descriptions etc. even without a particular marking in this work is in no way to be construed to mean that such names may be regarded as unrestricted in respect of trademark and brand protection legislation and could thus be used by anyone.

Cover image: www.ingimage.com

This book is a translation from the original published under ISBN 978-620-6-71479-8.

Publisher:
Sciencia Scripts
is a trademark of
Dodo Books Indian Ocean Ltd. and OmniScriptum S.R.L publishing group

120 High Road, East Finchley, London, N2 9ED, United Kingdom
Str. Armeneasca 28/1, office 1, Chisinau MD-2012, Republic of Moldova, Europe
Printed at: see last page
ISBN: 978-620-8-09423-2

Conteúdo

Autores

Dr. Guediri Abdelhafid
Dr. Guediri Mourad
Prof. Guediri Abdelkarim

INTRODUÇÃO

Uma **máquina** para fins especiais é uma máquina de produção concebida para satisfazer as necessidades específicas de uma empresa industrial, ao contrário das máquinas para fins gerais, como as máquinas-ferramentas. Distingue-se das outras máquinas de produção pela sua originalidade técnica e, como o seu nome indica, pelo facto de não ser genérica. É frequentemente fabricada para responder a necessidades de automatização específicas e é mais frequentemente utilizada para fabrico, montagem, testes ou embalagem.

2. <u>Os diferentes tipos de máquinas especiais vão desde estações de trabalho a linhas de produção totalmente automatizadas:</u>

A conceção de uma **máquina especial** requer a competência de um gabinete de estudos com conhecimentos em vários domínios industriais: **Automação**, nomeadamente a utilização de autómatos industriais **Mecânica**, com problemas de conceção e de fabrico **CAD**, para o desenho de peças específicas e para a modelação da máquina completa com todos os seus componentes **Pneumática**, com a utilização de cilindros para gerir o movimento Know-how de peças ou ferramentas

Visão industrial em 2D, 3D, térmica ou raio-X para controlo ou regulação de posições, por exemplo **Robótica industrial** com programação de robôs de 3 a 6 eixos **Eletricidade** para a realização de esquemas eléctricos e cablagem de todos os componentes eléctricos As máquinas para fins especiais encontram-se em todos os ramos da indústria e para uma grande variedade de necessidades, tais como..: **Sectores de atividade e exemplos de realizações Aeronáutica:** célula automática de montagem e desmontagem de pastilhas de maquinagem **Sanitários:** linha **totalmente** automatizada de montagem, teste e embalagem de torneiras **Automóvel: montagem semi-automática** de silentblocks e de insonorização para os motores Renault deci Farmacêutica: estação totalmente automatizada de montagem de válvulas para o sector médico Indústria de saúde animal: **corte** e embalagem de alimentos para animais Eletrónica: máquinas de enrolamento de disjuntores

CAPÍTULO 1

Motor universal

Um **motor universal** é um motor elétrico que funciona segundo o mesmo princípio que uma **máquina de corrente contínua** com excitação em série: o rotor está ligado em série com o enrolamento de campo, de modo que as correntes do rotor e do campo estão sempre no mesmo sentido. O binário desta máquina é independente do sentido de circulação da corrente e é proporcional ao quadrado da sua intensidade. Pode, portanto, ser alimentada por **corrente contínua** ou **alternada**, daí o seu nome.

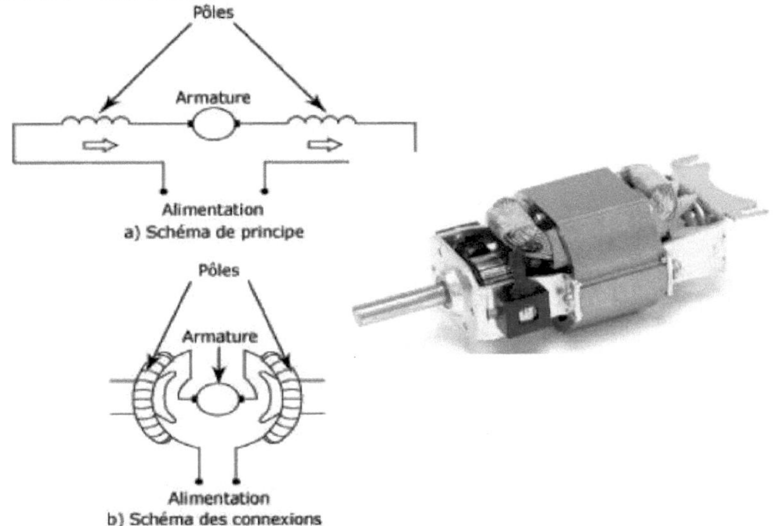

Figura 1: motor universal

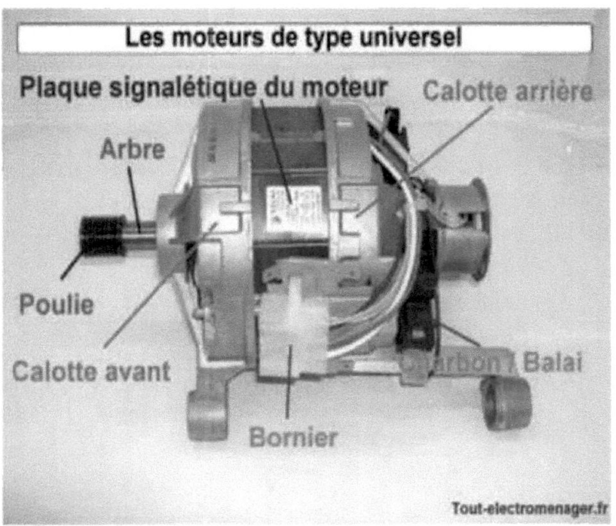

Figura 2: motor universal

1) Descrição :

Para limitar as <u>correntes de Foucault</u> que ocorrem sistematicamente em todas as áreas metálicas sólidas sujeitas a campos magnéticos alternados, o seu <u>estator</u> e <u>rotor</u> são <u>laminados</u>. De um modo geral, o rendimento deste tipo de máquinas é fraco (mas o seu custo de fabrico é reduzido), o seu binário é baixo, mas a sua velocidade de rotação é elevada. Quando são utilizadas em dispositivos que requerem um <u>binário</u> elevado, são combinadas com uma <u>caixa de velocidades mecânica</u>.

Este é particularmente o caso dos <u>electrodomésticos</u> de baixa potência e das <u>ferramentas eléctricas manuais</u> (até cerca de 1,2 <u>kW</u>) e de muitas aplicações domésticas.

Estes motores são também muito utilizados <u>em aspiradores</u>. Neste caso, a turbina está em contacto direto com o motor e o ar aspirado circula na <u>caixa de ar</u>, arrefecendo o motor.

A <u>velocidade de rotação</u> destes motores é proporcional ao valor da <u>tensão</u> de alimentação. Em condições de corrente alternada, pode ser facilmente ajustada por um dispositivo económico, como um <u>regulador de ângulo de fase</u> (o mesmo tipo de regulador utilizado para ajustar a intensidade luminosa das <u>luminárias</u>).

2) Desvantagens:

- Baixo rendimento (20% a 40%).
- Desgaste das <u>escovas</u> que alimentam o rotor, como em qualquer máquina de corrente contínua.

As sucessivas rupturas de contacto, inerentes ao funcionamento do conjunto escova-coletor, geram <u>interferências</u> no circuito de alimentação e <u>interferências electromagnéticas</u> e <u>radioeléctricas</u> para muitos outros aparelhos: <u>televisores, rádios, telefones, etc</u>.

3) <u>Vantagem</u> :

- Custos de fabrico muito baixos.
- Fácil variação de velocidade.

<u>Nota:</u>

Dado o fraco rendimento deste tipo de motor, não se deve confundir a <u>potência</u> absorvida (a que é fornecida ao motor pelo sistema de alimentação eléctrica) com a potência útil (a que é transmitida pelo motor aos equipamentos que acciona). Isto é particularmente verdadeiro quando se fala da potência de um aspirador.

CAPÍTULO 2

Motor linear

Os motores lineares são uma categoria especial de servomotores síncronos sem escovas. Funcionam segundo o mesmo princípio que os motores de binário, mas são abertos e de funcionamento plano. A interação electromagnética entre um conjunto de bobinas (conjunto primário) e uma pista de ímanes permanentes (conjunto secundário) transforma a energia eléctrica em energia mecânica linear com grande eficiência. O conjunto primário é também normalmente designado por motor, peça móvel ou carrc; o conjunto secundário é também designado por pista magnética ou v Uma vez que os motores lineares são concebidos para produzir forças elevadas a uma velocidade baixa ou nula, o dimensionamento não se baseia na potência mas ra força, ao contrário dos accionamentos. tradicional.

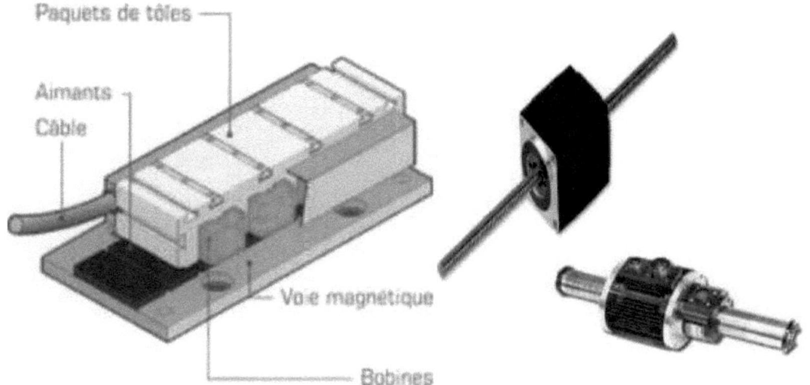

Figura 3: Motor linear

Como a parte móvel de um motor linear está diretamente ligada à carga da máquina, isto poupa espaço, simplifica a conceção da máquina, elimina a folga mecânica e elimina as fontes de falha causadas por correias, fusos de esferas e outros elementos de transmissão. Finalmente, a largura de banda e a rigidez de um sistema de posicionamento são muito melhoradas, proporcionando uma maior exatidão e precisão posicional ao longo de um curso ilimitado a altas velocidades. Uma vez que os motores lineares não incluem gaiolas, rolamentos ou codificadores de posição, o construtor de máquinas é livre de selecionar os componentes adicionais da sua escolha para melhor satisfazer os requisitos da aplicação.

1) <u>Aplicações :</u>

Tal como os motores rotativos, os motores lineares são introduzidos nos seguintes campos:

- Transportes (comboios)
- Elevadores.
- Portos de amarração.

2) As vantagens do motor linear :

- Alta velocidade.
- Microcontrolador de alta precisão controlado através da fonte de alimentação inversa.
- Resposta rápida.
- Funcionamento.
- Durabilidade quando não são utilizadas ligações mecânicas para obter um movimento linear (como uma caixa obtida a partir de um motor rotativo).

3(Os inconvenientes do motor linear:

- custo (custo elevado dos ímanes utilizados e custo elevado dos codificadores lineares utilizados para a alimentação inversa).
- o controlador utilizado é o mais sofisticado dos utilizados nos motores rotativos.
- a altas temperaturas devido à sua própria estrutura.

CAPÍTULO 3

Tacogerador assíncrono

1) Definição :

Taquométrico, adj. Gerador, taquométrico -tric. Instrumento formado por um gerador elétrico acoplado a um elemento rotativo e ligado a um sistema de medição eléctrica (de Encyclop. Sc. Techno. t. 10 1973, p. 262a). A essência do equipamento de rádio de alta fidelidade reside num conceito: precisão. Precisão mecânica: o cabrestante é acionado por um motor de corrente contínua controlado por quartzo e a deflexão da fita é controlada por um gerador tacométrico.

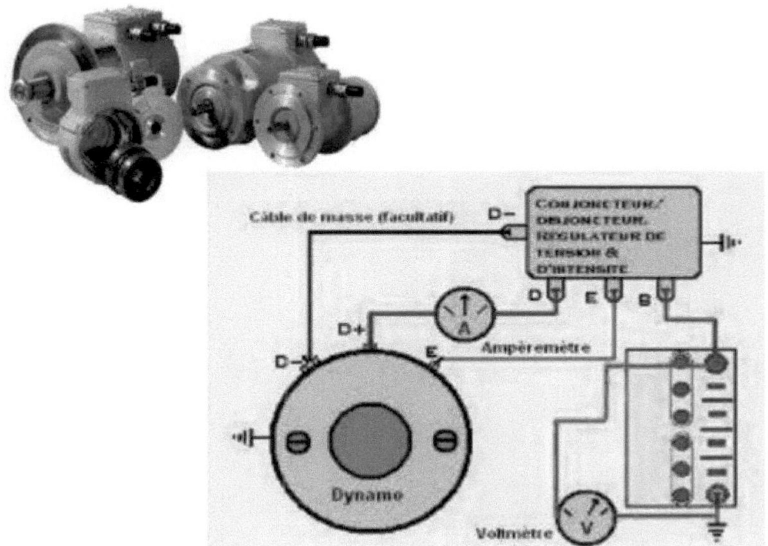

Figura4: Gerador taquimétrico

2) Como funciona:

Este transdutor funciona como um motor elétrico de corrente contínua (ver apêndice 1 sobre motores eléctricos), mas no sentido inverso: a tensão que fornece é proporcional à sua velocidade de rotação. Este facto pode ser demonstrado através da análise das equações do motor de corrente contínua, para uma resistência e indutância negligenciáveis. Por conseguinte, este sensor fornece informações analógicas: uma tensão proporcional à velocidade de rotação medida.

3) Âmbito de aplicação :

Fornece uma tensão proporcional à sua velocidade de rotação. O seu principal campo de aplicação é a regulação da velocidade de um motor elétrico J

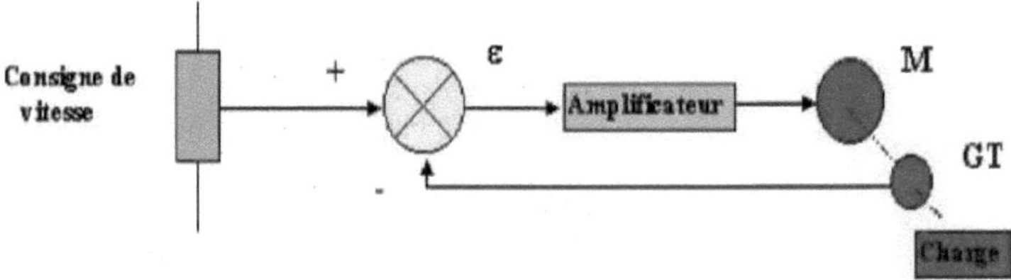

Figura 5: controlo de velocidade de um motor elétrico com GT

4) Caraterísticas essenciais da taquometria :
- velocidade máxima de rotação (em rotações por minuto),
- constante e.m.f. (em volts a 1000 rpm ou em v/rev/mn),
- linearite (em %),
- ondulação de creta a creta (em %),
- corrente máxima

CAPÍTULO 4

Motores de passo

1) Definição :

Um motor passo a passo é um motor de corrente contínua que avança num único passo quando a direção da corrente numa das bobinas muda.

2) Princípio de funcionamento :

Os motores passo a passo são micromotores de relutância (também conhecidos como motores de relutância variável), que funcionam atraindo uma massa polar (o rotor) por um campo magnético.

- Cada fase (1 - 2 - 3) do estator recebe um impulso elétrico de cada vez.
- Convencionalmente, positivo ou negativo, dependendo do sentido da corrente na bobina.
- Os impulsos chegam numa ordem pré-determinada de distribuição e numa frequência pré-determinada e ajustável.
- Cada um destes impulsos corresponde a um deslocamento angular chamado "passo". Um "passo" é uma unidade de deslocamento angular, geralmente 1,8 graus (o motor terá então 200 passos) 1,8 x 200 = 360

3) Os diferentes tipos de passo a passo :

Figura6: motores de passo

- Três categorias de motores:

> **Com** as mesmas caraterísticas eléctricas, este tipo de motor é menos potente, mas mais rápido do que os motores de ímanes permanentes. Provavelmente o mais antigo.

> **Com ímanes permanentes:** é possível sentir os passos. São motores de baixo custo com resolução média (até 100 passos/revolução).

> **Híbridos**: Estes motores combinam as duas tecnologias anteriores e são mais caros. A sua vantagem reside num melhor binário, numa velocidade mais elevada e numa resolução de 100 a 400 passos/revolução.

> Os motores mais comuns são os de ímanes permanentes e os híbridos.

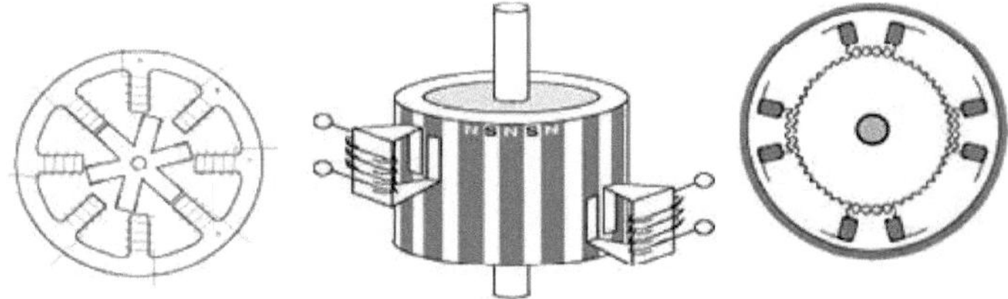

Figura 7: Ímanes permanentes híbridos de relutância variável

<u>**4) Comparação dos tipos passo a passo:**</u>

- Bipolar:

- Maior potência disponível para caraterísticas mecânicas idênticas.

- Monopolar:

- O mais barato!

- Mais fácil de implementar. Isto era especialmente verdade antes da chegada do

<u>**5) Motores de ímanes permanentes com alimentação bipolar**</u>

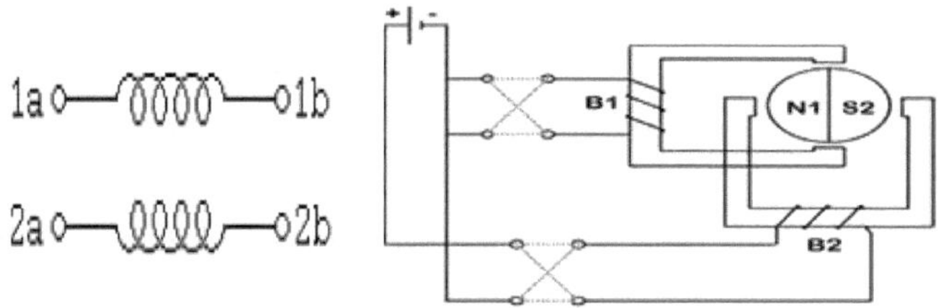

Figura 8: motores passo a passo do tipo 1

Um motor bipolar: é um motor com duas fases do estator B1 e B2 sem um ponto central e dois interruptores.

O sentido do fluxo é invertido através da inversão do sentido da corrente.

<u>**6) Motores de ímanes permanentes e fonte de alimentação unipolar**</u>

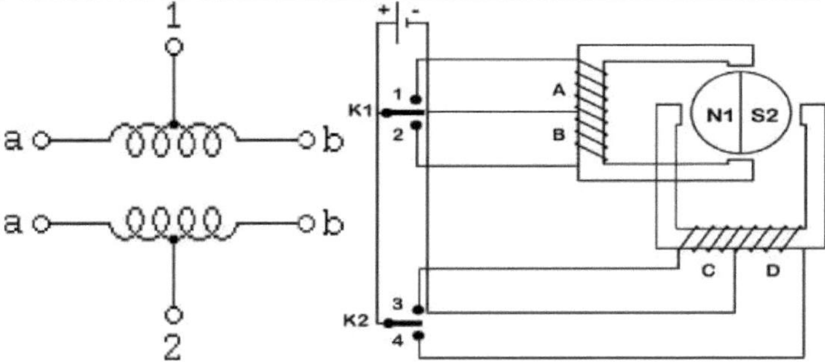

Figura 9: motor passo a passo de tipo 2

> **As vantagens:**

> Rotação constante para cada comando (precisão melhor que 5% de um passo).

> Um casal num impasse.

> Controlo da posição, da velocidade e da sincronização de vários motores (sem necessidade de contra-reação)

> Motor sem escovas.

> **Os inconvenientes:**
> Mais difícil de operar do que um motor de corrente contínua.
> Velocidade e binário relativamente baixos.
> Binário rapidamente decrescente à medida que a velocidade aumenta.
> Ressonância mecânica.

CAPÍTULO 5

Conceito geral da máquina síncrona

1) Introdução

O termo máquina síncrona abrange todas as máquinas em que a velocidade de rotação do veio de saída é igual à velocidade de rotação do campo rotativo.

Para tal, o campo magnético do rotor é gerado por ímanes ou por um circuito de excitação. A posição do campo magnético do rotor é então fixada em relação ao rotor, o que, em funcionamento normal, impõe uma velocidade de rotação idêntica entre o rotor e o campo rotativo do estator.

Esta família de máquinas compreende, de facto, várias subfamílias, desde alternadores de várias centenas de megawatts até motores de passo e motores de apenas alguns watts.

No entanto, a estrutura de todas estas máquinas é relativamente semelhante. O estator é geralmente constituído por três enrolamentos trifásicos, de modo a que as forças electromotrizes geradas pela rotação do campo do rotor sejam sinusoidais ou trapezoidais.

Os estatores, especialmente a alta potência, são idênticos aos de uma máquina assíncrona.

Existem três tipos principais de rotor, cuja função é gerar o campo de indução do rotor:

- rotores de bobina de pólos lisos;
- rotores de bobina com pólos salientes;
- rotores magnéticos.

2) Informações gerais:

A máquina síncrona é uma máquina de conversão eletromecânica reversível. Pode ser encontrada em muitos dispositivos de conversão de energia, tanto em..:

- produção de energia eléctrica a partir de energia mecânica, sendo designado por **gerador síncrono** quando a velocidade é variável (por exemplo, turbina eólica) ou por **alternador** quando a velocidade é fixa (por exemplo, central térmica),

- produção de energia mecânica a partir de energia eléctrica, quando se designa por **motor síncrono** (por exemplo, a cadeia de tração do TGV).

Com o desenvolvimento da eletrónica de potência, os motores síncronos estão a substituir cada vez mais os motores de corrente contínua. A ausência de um dispositivo coletor de escovas, cuja função é transferida para a eletrónica de potência, elimina o problema da manutenção e dos limites de velocidade.

Exemplo do interior de uma máquina síncrona

Como em todos os conversores electromecânicos, é a interação de dois campos magnéticos que produz energia mecânica ou eléctrica.

3) <u>Constituição da máquina síncrona:</u>

<u>3-1- Disposições gerais</u>:

A máquina síncrona é constituída por um estator (fixo) e um rotor (móvel).

• O **estator** é da mesma natureza que o da máquina assíncrona. É constituído por uma pilha de placas ferromagnéticas entalhadas que suportam um enrolamento trifásico cuja geometria angular é definida pelo número de pares de pólos. É neste enrolamento que circulam as correntes.

• O **rotor**, também chamado roda de pólos no caso do alternador, possui uma estrutura magnética com p pares de pólos. Esta estrutura magnética pode ser obtida por meio de ímanes ou de bobinas alimentadas com corrente contínua.

Rotor magnético

Rotor com pólos lisos

Rotor à pôles saillants

3-2- <u>Número de pólos de uma máquina:</u>

a) <u>Definição:</u>

O número de pares de pólos p corresponde ao número de padrões magnéticos Norte-Sul em torno da circunferência do rotor.

b) <u>Símbolos</u>:

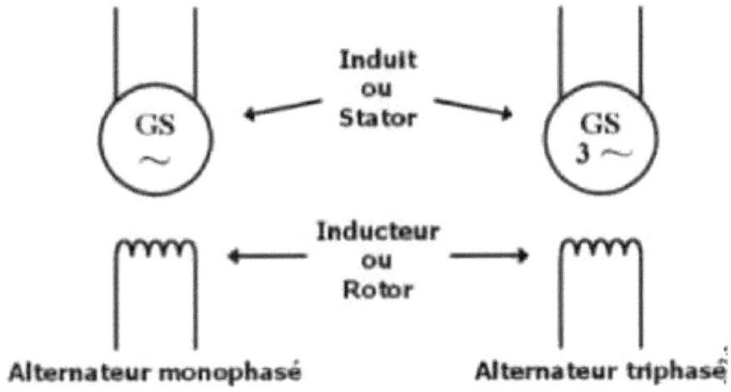

3-3- <u>Princípio de funcionamento do gerador:</u>
a) <u>Criação de e.m.f.s.</u>
Quando os pólos norte do rotor estão virados para as bobinas da fase 1 do estator,

i

Mais tarde, os pólos Sul estão virados para estas bobinas e o fluxo através desta fase é então mínimo. E assim por diante.

- O fluxo através de uma fase é alternado de frequência f.

Se N é a velocidade do rotor em rotações por segundo, o período **T** do fluxo através de

$\frac{1}{p}$ uma fase é igual à duração da volta. Assim, :

$$\boxed{T = \frac{1}{p.\,N}} \qquad \boxed{f = p.\,N} \qquad \boxed{\omega = 2\pi.\,pN}$$

$e = -n\dfrac{d\varphi}{dt}$ A f.m.e. induzida nesta fase é alternada e de mesma frequência.

Os enrolamentos das fases 2 e 3 do estator comportam-se de forma idêntica.

2πr 4ir

$\frac{2\pi}{3p}$ et $\frac{4\pi}{3p}$ $\frac{4\pi}{3p} \times \Omega$ ou $\frac{2\pi}{3p}$. O fluxo atinge o seu máximo mais tarde. A diferença entre as f.m.f.s. induzidas é $\frac{T}{3}$.

O resultado é um sistema trifásico em equilíbrio com uma e.m.f. de frequência f.

b) <u>Criação de binário eletromagnético</u>:
Quando as 3 fases são ligadas a um recetor, produzem um sistema trifásico de correntes. Criam assim **um** campo magnético de velocidade angular:

$$\boxed{\omega_s = \frac{\omega}{p} = 2\pi N = \Omega}$$

c) <u>Princípio da máquina síncrona em modo gerador:</u>
O campo rotativo do estator roda à mesma velocidade que o rotor.

- <u>Observações :</u>
- para um alternador: o binário eletromagnético é um binário de travagem.
- para um motor, este binário é um motor.
- temos de ter cuidado com os equilíbrios de poder para saber o que *é um* o poder : $C_{em}.\Omega$

- <u>Força eletromotriz:</u>
e.m.f. induzida por uma bobina:

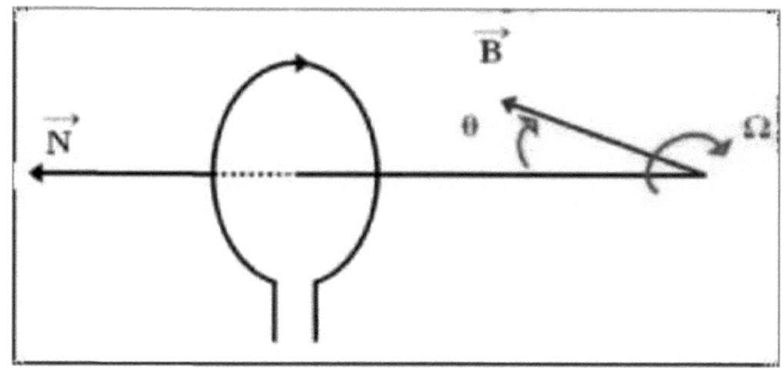

θ $\Omega-2\Pi n$ Consideremos uma volta de área S cuja normal faz um ângulo com o campo magnético criado por um íman que gira a uma velocidade angular constante .

$\theta=0$ Escolhamos como origem do tempo o instante em que o ângulo : o fluxo através da curva é então máximo: : $\widehat{\Phi}=B.S$

$\Delta t=t-0=t$, $\theta=\Omega.t$. Durante o tempo em que o vetor £ roda de um ângulo O fluxo no momento t é : $\varphi = B.\,S.\cos(\theta) = \widehat{\Phi}.\cos(\Omega.\,t)$.

À medida que o campo gira, o fluxo varia e uma f.e.m. induzida aparece nos terminais.

da espiral : $e = -\frac{d\varphi}{dt} = \Omega.\,\widehat{\Phi}.\sin(\Omega.\,t)$.

$E1 = \frac{E1}{\sqrt{2}} = \frac{\Omega.\Phi}{\sqrt{2}} = \frac{2\Pi n.\Phi}{\sqrt{2}} = 4,44n\widehat{\Phi}$. O seu valor rms é: .

c.1) Caso do alternador monofásico:

A roda de pólos desenvolve 2p pólos da intensidade de campo. O período da f.e.m. induzida numa volta é dividido por p. Tudo se passa como se o íman estivesse a rodar à velocidade .-". Assim, o valor eficaz da f.e.m. induzida numa volta é: #=4Mp.п.Φ

Como o estator tem N espiras, a f.e.m. total através do enrolamento do estator é :

$$\boxed{E = 4,44.N.\,p.\,n.\,\widehat{\Phi}}$$

c.2) Caso do alternador trifásico:

A seguinte relação é suficiente:

$$\boxed{E_j = K.\,p.\,n.\,N.\,\widehat{\Phi}}$$

K : Coeficiente *Kapp* (coeficiente de encurtamento, passo diametral, etc.)

CAPÍTULO 6

Funcionamento da máquina síncrona

1. <u>Caraterísticas de um alternador isolado</u>:

Em vazio, o estator acopla como uma estrela, a armadura não descarrega corrente. O rotor é acionado a uma velocidade nominal constante n. Observamos que :

-Esta caraterística é semelhante à de uma MCC (Máquina de Corrente Contínua) e a curva de magnetização do circuito magnético da máquina é claramente visível:

* A zona útil situa-se na proximidade da curva de saturação
* Por vezes, um fenómeno de histerese duplica a caraterística

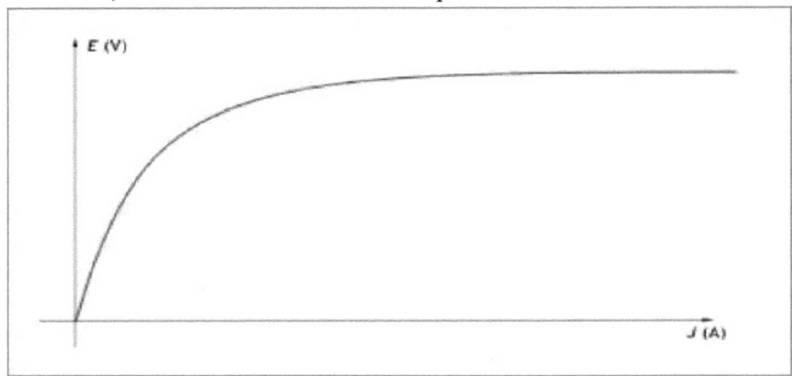

2. <u>Diagrama de reactância síncrona:</u>

A maneira mais simples de explicar o funcionamento em carga de um gerador alternativo é tratá-lo como uma fonte de f.m.f. E com uma impedância interna R+jX.

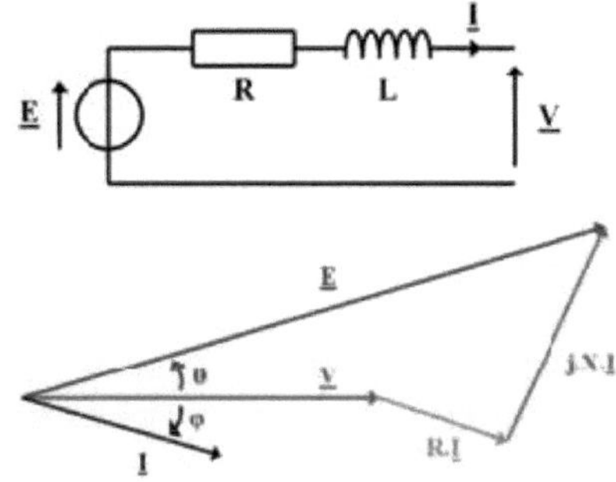

E: vácuo e.m.f.

V: tensão nas casas de um enrolamento da máquina

/? : resistência do enrolamento

X: reactância síncrona (lei X = L)

Este diagrama equivalente e o diagrama vetorial permitem-nos passar do regime nos terminais *a)* para a f.m.f. в que o fluxo de campo (rotor) deve criar.

A lei das malhas dá-nos :

$$\underline{E} = \underline{V} + (R + jX)\underline{I}$$

***Comentários*:**

- O regime nos terminais de carga depende da carga que está a ser alimentada. Na figura anterior, a carga é indutiva porque absorve uma corrente de fase atrás da tensão.

- я 'deve ser pequeno porque з.я dá as perdas joule na armadura. Pelo contrário, *яe* é muito elevado porque representa a totalidade do fluxo criado pela armadura.

- A reactância X não tem significado físico a não ser que se negligencie a saturação do circuito magnético. É designada reactância síncrona para a distinguir das reactâncias que ocorrem no regime transitório.

Nota sobre a especificação de um alternador:

Um alternador caracteriza-se por :

- a sua frequência
- a sua tensão composta
- o seu poder nominativo aparente
- e um valor de fator de potência $\cos\varphi$

$\cos\varphi$ Agora não depende da máquina, mas da carga que ela fornece.

A corrente nominal In é dada pela potência aparente.

$\cos\varphi$ O fator de potência indica indiretamente a corrente de excitação, ou seja, o valor para o qual o fluxo de In requer a corrente de excitação nominal.

3. Máquina síncrona auto-pilotável:

A máquina síncrona só pode funcionar a velocidade constante. As suas caraterísticas mecânicas podem ser resumidas da seguinte forma:

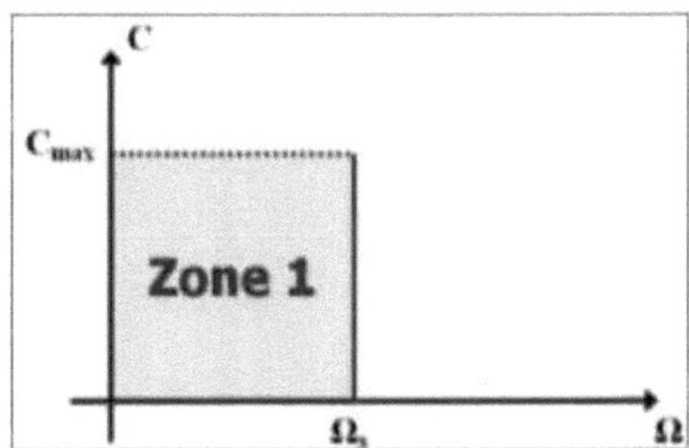

-Como a velocidade de rotação está ligada à frequência de alimentação, a caraterística pode ser resumida como um segmento de reta.

No entanto, utilizando um acionamento de frequência variável, é possível funcionar na zona 1.

O problema na zona 1 é manter o controlo do binário. Para o fazer, damos a volta ao MS. Diz-se que a máquina é **auto-pilotável**.

a) **Princípio de funcionamento da máquina síncrona auto-pilotada:**

• Um sensor de corrente é utilizado para gerar comandos de comutação para um inversor que alimenta o estator com tensão v e frequência f.

• Um sensor de posição fixado mecanicamente ao rotor mede o ângulo ϑ , ou seja, a posição angular do rotor em relação ao campo estatórico. Após multiplicação, isto permite controlar o binário, uma vez que este último é proporcional ao campo estatórico. $J.\sin(\vartheta).$

Esta máquina auto-controlada é equivalente a um CCM, uma vez que o conjunto (coletor + inversor) desempenha o papel do conjunto escova-coletor. Por conseguinte, podemos utilizar as mesmas equações. (E proporcional a n , e Cm a I (corrente numa fase)).

b) **Equilíbrio de poderes:**

• **Energia recolhida ou absorvida:**

P_{mec} P_e Um alternador recicla a energia mecânica fornecida pelo sistema de acionamento (turbina, motor diesel) e a energia eléctrica fornecida pelo rotor.

$$\boxed{P_{mec} = T_m . \Omega}$$

T_m ou é o momento de binário de acionamento que pode ser medido:

$$\boxed{P_e = U_e . J = R_e . J^2 = \frac{U_e^2}{R_e}}$$

R_e em que é a resistência do enrolamento da roda de pólos

A potência absorvida é então escrita :

$$P_a = T_m . \Omega + U_e . J$$

- **Potência e eficiência:**

$\cos \varphi$. O alternador é uma fonte de tensão trifásica que alimenta uma carga trifásica com um fator de potência de . A potência útil escreve-se como :

$$P_{active} = \sqrt{3} . U . I . \cos \varphi$$

com a tensão de linha U em (V) e a corrente de linha I rms em (V).
(A)
Como em todas as máquinas, a eficiência é definida por :
$_{rn}P$ *ecanique ri -*
$_eP$ *lecto*
Ordens de grandeza: Os alternadores das centrais eléctricas têm um rendimento de cerca de 98%.
- **Perdas:**
- **joules no indutor**: igual à potência que recebe:

$$P_e = U_e . J = R_e . J^2 = \frac{U_e^2}{R_e}$$

- **joules na armadura**: Como no caso do MAS, se R é a resistência medida entre dois terminais do estator já acoplados :

$$P_{js} = \frac{3}{2} R . I^2$$

- **constantes** : Correspondem à soma das perdas mecânicas e magnéticas (campo e armadura) e não dependem da carga. Dependem da frequência e da tensão.

4. **MS acoplado a uma rede de alta potência:**
a) **Princípio e reversibilidade:**
O alternador acoplado a uma rede de distribuição funciona em vazio. Se o motor de acionamento for desacoplado do rotor, este continua a rodar sincronizadamente graças ao campo estatórico.
A máquina torna-se agora um motor, capaz de transformar a energia eléctrica da rede em energia mecânica.

b) Caraterísticas e estabilidade:

• Velocidade do motor :

[n]A velocidade do motor síncrono é imposta pela frequência da rede porque $/=P$. Por conseguinte, é **independente da carga do motor**.

• Esquema monofásico e binário :

Uma vez que o esquema do alternador monofásico foi construído com base no princípio MS, continua a ser válido para o funcionamento do motor síncrono. A convenção do recetor é por vezes utilizada para indicar que o alternador funciona como um motor.

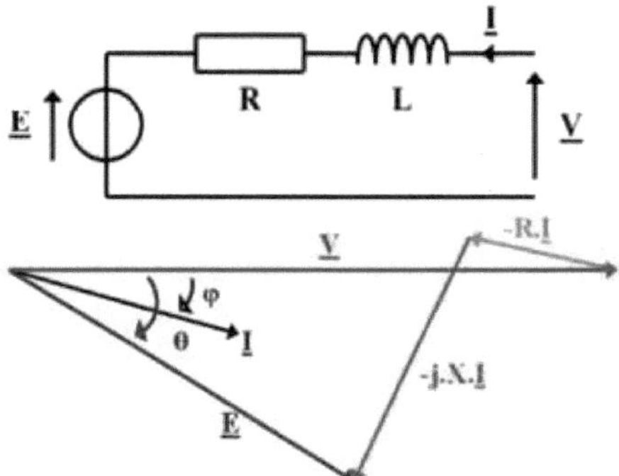

Daí a expressão do binário útil e do binário eletromagnético:

$$T_{em} = \frac{\sqrt{3}U.I.\cos\varphi}{\Omega}$$

E
$$T_{u} = \eta\frac{\sqrt{3}U.I.\cos\varphi}{\Omega}$$

5. Vantagens e desvantagens da máquina síncrona

5.1. Utilizações da máquina síncrona:

a) Utilização de uma máquina síncrona como alternador

A quase totalidade da eletricidade produzida em França provém de alternadores síncronos. Estes alternadores de potência muito elevada (até 1500 MVA) são essencialmente diferentes das máquinas síncronas clássicas:

- pela sua geometria: o aumento da potência dos alternadores implica necessariamente o aumento das suas dimensões. Para reduzir os problemas associados à aceleração normal na periferia do rotor, os fabricantes limitam o raio das máquinas, o que leva a um aumento do comprimento.

- pelo seu sistema de excitação
- pelo seu arrefecimento

b) Excitação de alternadores de alta potência:

As potências de excitação dos alternadores de grande potência são tais (vários megawatts) que se torna interessante utilizar a potência mecânica disponível no veio para fornecer a corrente de excitação. Neste caso, utiliza-se um sistema de excitação montado no mesmo veio que o rotor do alternador. Além disso, é possível eliminar os contactos deslizantes necessários para alimentando o entusiasmo :

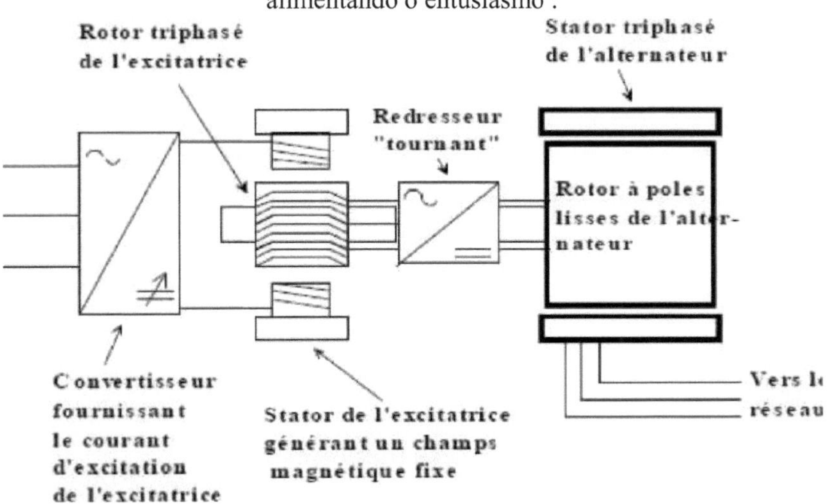

A excitatriz é, de facto, um alternador invertido em que o circuito de excitação está situado no estator. O rotor possui um sistema de enrolamento trifásico cujas correntes são rectificadas para alimentar o campo do alternador.

6. Arrefecimento do alternador:

Mesmo que o rendimento dos alternadores seja excelente (perto de 99% para um alternador de 1000 MW), a potência dissipada sob a forma de perdas joule é enorme (perto de 1 MW para um alternador de 1000 MW) e isto num volume restrito. Por conseguinte, é necessário instalar sistemas de eliminação de calor baseados na utilização de fluidos de transferência de calor que circulam nos condutores do estator, do rotor e do estator. O esquema de arrefecimento de um alternador de 300MW é apresentado a seguir:

• **Utilização de uma máquina síncrona como compensador síncrono.** Um compensador síncrono é uma máquina síncrona que funciona em vazio e cuja única função é consumir ou fornecer energia reactiva à rede. Ajustando a corrente de excitação, é possível fornecer energia reactiva (se a máquina estiver sobreexcitada) ou consumir energia (se a máquina estiver subexcitada).

Estas máquinas são utilizadas, nomeadamente, para fornecer energia reactiva quando a rede está em carga e para absorver a energia reactiva gerada pelas linhas quando o consumo é baixo.

- **<u>Vantagens e desvantagens da máquina síncrona:</u>**

A máquina síncrona com ímanes permanentes na superfície parece ser a melhor escolha para o motor de roda. Estas máquinas têm, de facto, vantagens significativas:

- Elevadas relações binário/massa e potência/massa.
- Muito bom desempenho.
- Menos desgaste e menos custos de manutenção (sem escovas ou escovas de carvão).

No entanto, têm alguns inconvenientes:

- Custo elevado (devido ao preço dos ímanes).
- Problemas com a resistência do íman à temperatura (250°C para samário-cobalto)
- Risco de desmagnetização irreversível dos ímanes devido à reação da armadura.
- Difícil de deflacionar e eletrónica de controlo complexa (é necessário um sensor de posição).
- Impossibilidade de regular 1 excitação.
- Para atingir velocidades elevadas, é necessário aumentar a corrente do estator para desmagnetizar a máquina. Isto conduz inevitavelmente a um aumento das perdas no estator devido ao efeito Joule.
- O facto de este fluxo não ser regulado significa que não pode ser controlado de forma flexível numa gama de velocidades muito ampla.

7. <u>Conclusão</u>

Este trabalho é uma apresentação sobre as máquinas síncronas de ímanes permanentes, que são geralmente máquinas <u>trifásicas</u>. O rotor, muitas vezes chamado "roda de pólos", é alimentado por uma fonte <u>de corrente contínua</u> ou equipado <u>com ímanes permanentes</u>. Desempenham um papel muito importante no domínio industrial porque são :

Elevadas relações <u>binário/massa</u> e potência/massa.

Muito bom <u>desempenho</u>.

Menos desgaste e custos de manutenção mais baixos

Mas também têm algumas desvantagens, tais como :

Custo elevado. Problema com a resistência do íman à temperatura. controlo (é necessário um <u>sensor de posição)</u>.

Impossível regular a excitação.

Para atingir velocidades elevadas, é necessário aumentar a corrente do estator para desmagnetizar a máquina.

motores passo a passo com relutância variável:

1. História: os primeiros motores de passo de relutância variável
foram utilizados pela Marinha britânica nos anos 20 para mover os indicadores
de direção dos lançadores de torpedos e dos canhões. Nos anos 30, o engenheiro
Marius Lavet descobriu um tipo particular de motor passo a passo magnético,
atualmente conhecido como motor Lavet, que permitiu o desenvolvimento deste
dispositivo no domínio da hodologia graças à sua miniaturização e ao seu baixo
custo.

O motor de passo clássico surgiu nos anos 40, mas foi o advento da eletrónica
digital nos anos 60 que levou ao seu desenvolvimento.

2. Introdução:

O motor de passo é um conversor eletromecânico que transforma um sinal
elétrico pulsado num deslocamento mecânico (angular ou linear). A sua
estrutura básica é constituída por duas partes mecanicamente separadas, o
estator e o rotor. A interação electromagnética entre estas duas partes assegura a
rotação **3. Definição:**

O motor de passo é um conversor eletromecânico concebido para transformar o
sinal elétrico (impulso ou) em deslocamento mecânico (angular ou linear).

De um ponto de vista eletrotécnico, o motor clássico assemelha-se à máquina
síncrona, na qual o estator (normalmente com pólos salientes) transporta os
enrolamentos de acionamento e o rotor (quase sempre com pólos salientes) está
equipado com ímanes permanentes (a chamada estrutura polarizada ou ativa) ou
é constituído por uma parte ferromagnética com ranhuras (a chamada estrutura
de relutância ou passiva).

Entre o motor e a sua fonte de alimentação, existem três elementos essenciais: -
uma unidade de cálculo, que prepara os impulsos de controlo.

- um modulador PWM, que gera os comandos para os contactores de
comutação electrónicos.

- eletrónica de comutação (potência), que, a partir de uma fonte de
alimentação, transfere a energia para os enrolamentos adequados do motor

Figure 3. "Two phase on" stepping sequence for two phase motor.

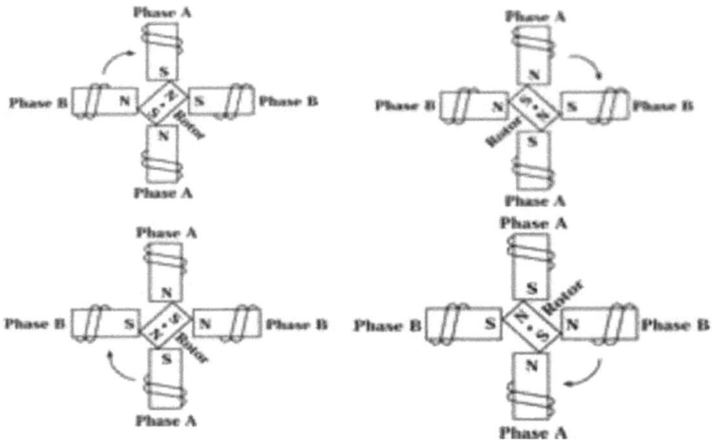

4. Princípio de funcionamento

- O motor é ativado através do
bobinas do estator.
- O número de passos depende:
- o número de fases (grupo de bobinas);
- o número de pólos do rotor e do estator;
- da sequência de comutação das fases do motor.

5. O princípio básico:

5.1. A resposta num só passo:

- Quando o motor avança um passo, a resposta do rotor é a que o sistema teria a um passo.
- Esta resposta oscilatória pode conduzir a fenómenos de ressonância.

5.2. O som do motor :

- A determinadas velocidades, a ressonância faz com que o motor perca passos.
- A velocidade de ressonância depende da carga e do motor.

5.3. Para amortecer a ressonância :

- A utilização de elementos de acoplamento com um certo grau de elasticidade introduz um amortecimento para reduzir a ressonância.

6. Tipos de motores de passo:

Estão disponíveis várias tecnologias de motores passo a passo:

- Motor de relutância variável;
- Motor de ímanes permanentes;
- Motores híbridos.

6.1.Motor de relutância variável :

- O estator tem um número de dentes com um enrolamento.
- O rotor (feito de material magnético) tem um número diferente de dentes, mas não tem enrolamentos.
- O rotor é posicionado de modo a que a relutância do circuito magnético seja mínima.
- Sequência para uma ronda 1-2-3-1-2-3-1-2- 3-1-2-3-1.
- 12 passos por rotação ou 30° por passo.

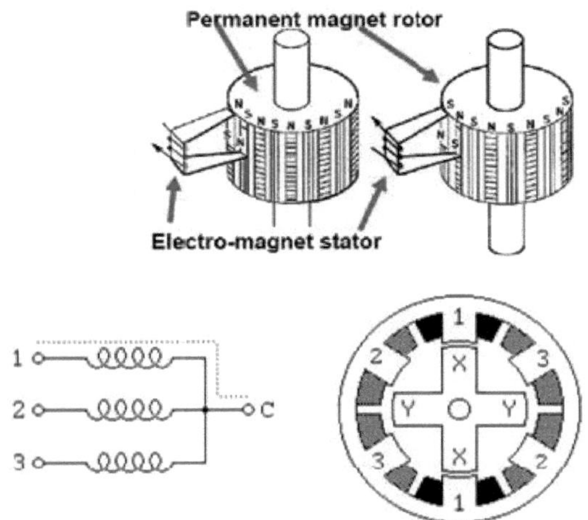

6.2.Motor de ímanes permanentes

- O estator tem um número de dentes com um enrolamento.
- O rotor é um íman que se alinhará com os pólos do estator que são alimentados.

6.3.Motores híbridos

- Combinação de motor de relutância variável e motor de ímanes permanentes.
- Disponível em dois modelos:
- unipolar e bipolar.
- Sequência unipolar: 1a - 2a - 1b - 2b - 1a (120°)
- Sequência bipolar: 1$ -2$ -1| - *21* -1$ (120°)

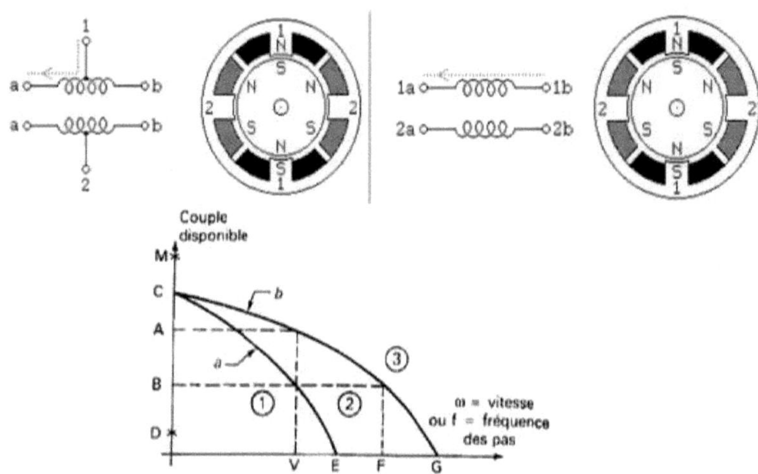

7. Caraterísticas:

- Comportamento do binário em função de
velocidade de impulso:

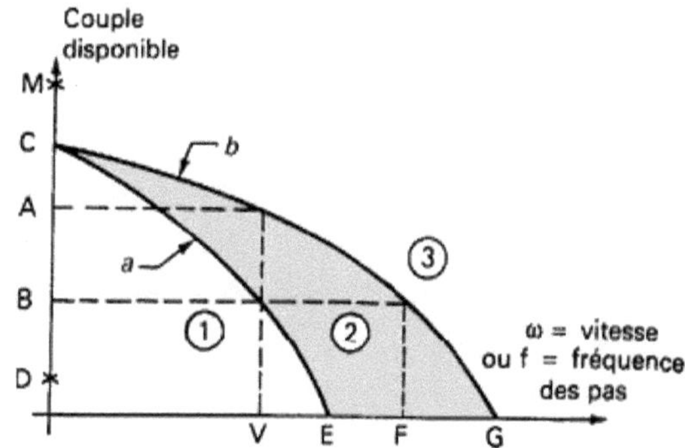

- Zona de arranque e paragem:

- B: Binário máximo de arranque à velocidade V;
- E: Velocidade máxima de arranque em vazio;
- M: Binário de retenção;

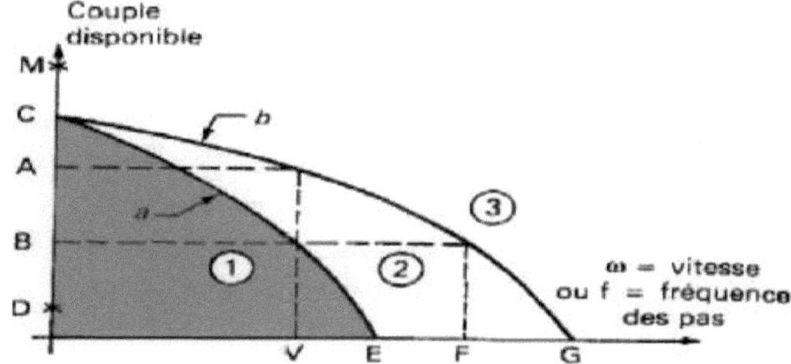

- D: Binário de detenção (não motorizado).

- Área de formação :

- A: Binário máximo de acionamento à velocidade V;
- F: Velocidade máxima de acionamento ao binário B;
- G: Velocidade máxima de acionamento sem carga;
- C: Binário dinâmico máximo.

- Caraterísticas

- Tamanho:
- Diâmetro externo do motor em 1/10 de polegada.
- Dá uma ideia da potência do motor.

- Potência:
- Potência aparente: produto do binário e da velocidade.
- Pode atingir 4 a 5 kW.

8. Utilização de motores de passo:

- Posicionamento:

- Controlo X-Y de mesas de máquinas de estiragem e de electroerosão
- Acionamento rotativo para mesas circulares de máquinas-ferramentas
- Posicionamento de cabeças de retificação em máquinas rectificadoras - Pequenos sistemas de controlo numérico (EMCO) - Unidades de fita e de disquete, ...;

- Impressoras - **Regulamento:**

- Controlo da posição de abertura da válvula;

Um motor linear é essencialmente um motor elétrico que "foi

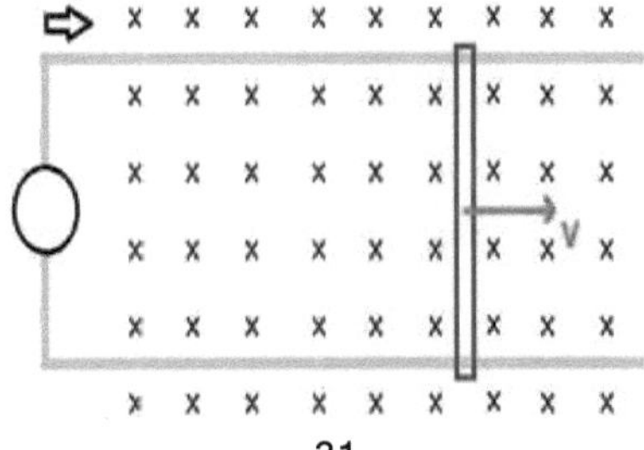

Desta forma, em vez de produzir um binário (rotação), produz uma força linear ao longo do seu comprimento, instalando um campo   eletromagnético de movimento. Por conseguinte, requer muito menos adaptações do que as abordagens convencionais, em que o movimento linear é conseguido através do acoplamento de um motor rotativo a um parafuso de esferas ou a uma cremalheira de engrenagens. Há, portanto, menos peças móveis e menos inércia e folga. Como resultado, o motor linear é a escolha ideal quando a velocidade e a precisão são realmente importantes.

- Princípio de funcionamento :

Experiência da calha de Laplace :

O carril de Laplace é um motor linear simples e é a experiência fundamental que ilustra o funcionamento de um motor elétrico. Uma barra metálica cilíndrica, colocada em contacto com duas calhas horizontais condutoras de eletricidade que fecham um circuito elétrico através do qual circula uma corrente contínua, e colocada num campo magnético vertical uniforme, é sujeita a uma força de Laplace.

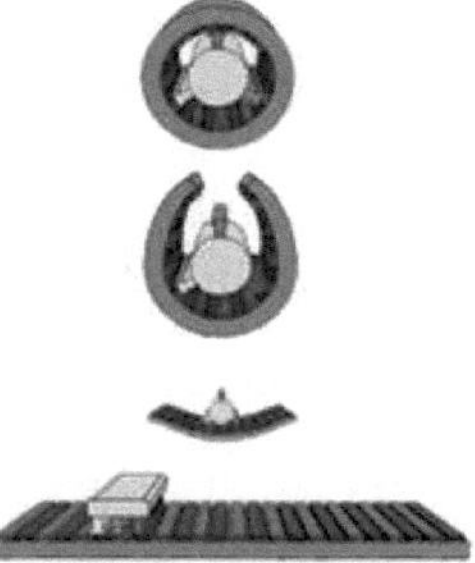

Se for o comprimento da haste, o valor do campo magnético e o valor da corrente, a força de Laplace é :

A barra acelera e, ao mover-se, gera uma força contra-eletromotriz proporcional à sua velocidade (lei de Lenz-Faraday, com a barra a cortar o fluxo magnético), com uma corrente induzida no sentido oposto.

A força contra-eletromotriz compensa gradualmente a força eletromotriz, e a intensidade tende a zero na ausência de forças mecânicas opostas. A haste atinge assim uma velocidade limite.

- Motorização:

Os motores actuais utilizam corrente alternada e uma via especialmente concebida para o efeito.

> Podem ser aplicados dois princípios:

- se existirem dois fluxos magnéticos, 1 na via e 1 na peça móvel, é um motor *síncrono*

- se o fluxo magnético for gerado apenas num ponto, por exemplo no recetor, pode tratar-se de um simples condutor metálico (cobre, alumínio, etc.).

a via, e a parte móvel é passiva electromagneticamente, diz-se que o motor é *assíncrono4*.

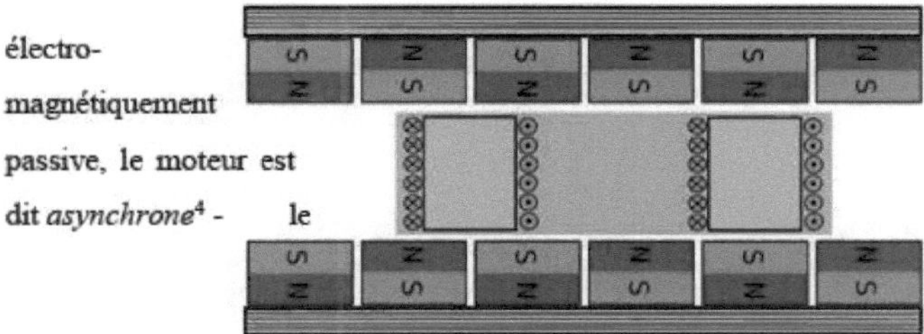

No caso de um motor linear síncrono, a via pode ser constituída por ímanes permanentes, com uma sequência alternada de pólos norte e sul. As bobinas ligadas ao trator e alimentadas com corrente alternada, devidamente faseada, permitem sincronizar a velocidade (em função da frequência da corrente e do espaçamento dos ímanes). No entanto, a via pode ser traçada com electroímanes alimentados com corrente alternada e ímanes permanentes colocados na parte móvel, como no Maglev ou no Transrapid, permitindo a levitação. A velocidade do comboio é então sincronizada com a onda magnética dos loops colocados na via.

No caso de um motor assíncrono linear, o campo magnético gerado na via é alternado, com pelo menos três fases e uma onda que se desloca a uma velocidade v1. Na parte móvel, o recetor pode ser uma simples placa condutora, ou fios paralelos (perpendiculares à via) ligados nas extremidades, como a *gaiola* de *esquilo* de um motor rotativo assíncrono achatado. As correntes parasitas (se a placa ou a barra forem longas), ou as correntes induzidas (se as barras forem longas), opondo-se à variação do fluxo magnético (lei de Lenz), põem o trator em movimento, que atinge uma velocidade v2 quase igual a v1 (sendo a diferença o *escorregamento*). Inversamente, o campo magnético também pode ser gerado na parte móvel, e a parte secundária (o carril) pode ser uma simples placa condutora onde as correntes de Foucault são induzidas.

Uma das principais vantagens do motor linear é a sua resistência a baixas velocidades, a sua precisão e o seu menor desgaste (menos contactos, pois obtém-se diretamente uma força e não um binário).

-Tipo de motor linear :

Para cada tipo de motor linear, existe um tipo correspondente de motor rotativo. Isto dá a mesma classificação que para os motores rotativos. Mas os motores lineares também podem ser classificados de acordo com a sua geometria.

-Classificação dos motores lineares por geometria :

Existem dois tipos principais de motores lineares: o motor linear de geometria plana e o motor linear de geometria tubular. Podem ainda ser divididos em duas partes de acordo com a geometria do primário: longo ou curto. Os motores lineares de geometria plana podem ainda ser subdivididos de acordo com o número de primários: primário duplo e primário simples.

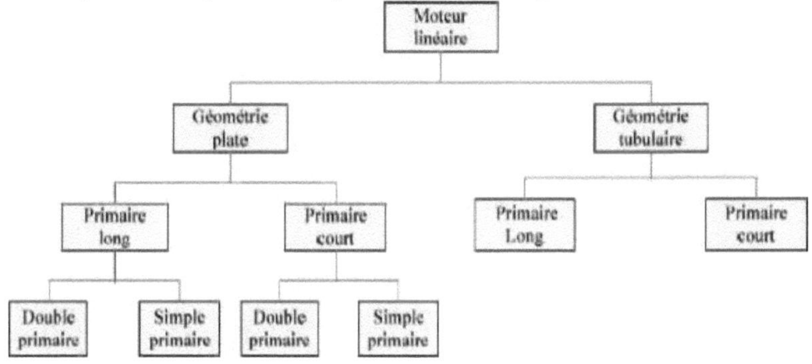

-Classificação dos motores lineares segundo o seu circuito magnético :

Existe uma outra classificação baseada no princípio de funcionamento do motor. É o que mostra a figura. Os motores lineares electromagnéticos são os mais utilizados e podem ser divididos em três partes: motores lineares indutivos, síncronos e de corrente contínua.

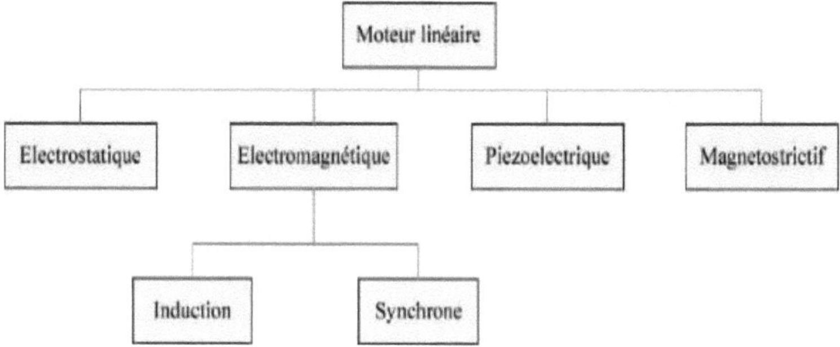

Aplicação do motor linear :

Braço da unidade de disco rígido, CD-ROM e DVD :

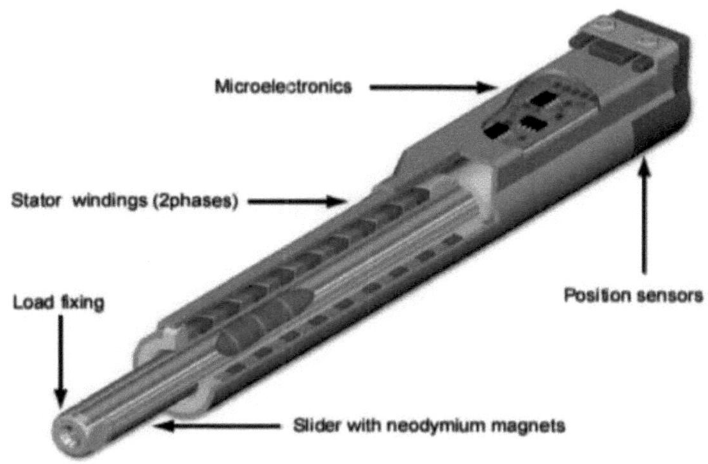

Os motores lineares são muito populares como actuadores para os braços da unidade de disco rígido dos nossos microcomputadores, devido à sua compacidade e à velocidade e precisão dos seus movimentos.

O comboio a motor Maglev :

Não há mais rodas, logo não há mais ruído, exceto o do inversor (que converte a corrente contínua numa corrente alternada mais elevada). Os electroímanes elevam o comboio 6 mm acima da superfície da guia para o impulsionar.

O primeiro comboio comercial com motor linear (apelidado de "Linino") percorrerá 7 km desde a estação de Fujigaoka até ao portão norte do local. Já foram experimentados sistemas semelhantes para transporte, mas esta será a primeira linha comercial a utilizar o comboio de motor linear "Maglev" (levitação magnética) em condução normal.

O custo de construção de um comboio Linimo é ligeiramente mais elevado do que o de um comboio convencional, mas os custos de exploração podem ser compensados, em primeiro lugar, porque é totalmente automático e, em segundo lugar, porque não existe praticamente nenhum desgaste natural dos componentes vitais, uma vez que as composições não estão em contacto com a superfície da via.

O sistema de transporte Maglev será, um dia, o candidato ideal para substituir os comboios de longa e média distância.

As três carruagens de uma composição Linimo têm 244 lugares sentados, aumentando para 370 nas horas de ponta.

Velocidade máxima: 100 km/h. Os comboios circularão a intervalos de 6 minutos durante as horas de ponta da manhã e da tarde, e a intervalos de 10 minutos durante as horas normais.

Em 31 de dezembro de 2002, o Primeiro-Ministro chinês Zhu Rongji e o Chanceler alemão Gerhard Schroder inauguraram a ligação ferroviária por levitação magnética e motor linear entre o centro económico de Xangai e o Aeroporto Internacional de Pudong.

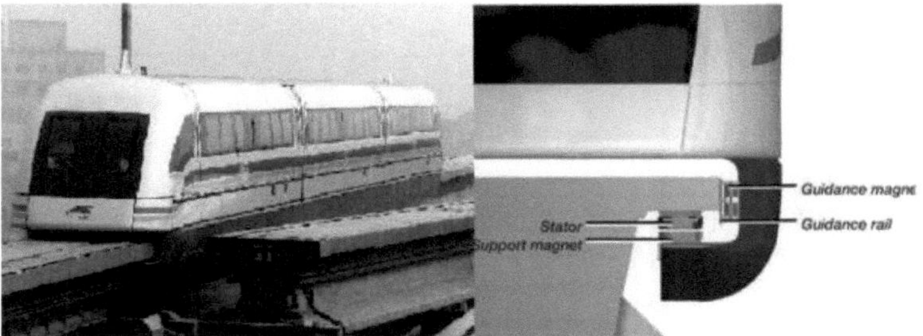

O percurso de 30 km demora atualmente 8 minutos (velocidade média = 225 km/h). A velocidade máxima de funcionamento foi fixada em 420 km/h.

Este comboio de conceção alemã (consórcio Siemens-ThyssenKrupp), alimentado por um motor linear, é composto por três carruagens e levita magneticamente com ímanes e bobinas convencionais.

Em contrapartida, os protótipos Maglev japonês e Swissmetro utilizam o efeito Meissner para a sua elevação (o efeito Meissner é a repulsão entre ímanes e supercondutores devido ao comportamento perfeitamente diamagnético dos supercondutores).

CAPÍTULO 8

Máquina síncrona de ímanes permanentes

1. Introdução

Na sequência da descoberta, pelo químico dinamarquês Orsted, do fenómeno da ligação entre a eletricidade e o magnetismo, o eletromagnetismo, do teorema de Ampere e da lei de Biot e Savart, o físico inglês Michael Faraday construiu dois aparelhos para produzir aquilo a que chamou "rotação electromagnética": o movimento circular contínuo de uma força magnética em torno de um fio, demonstrando assim o primeiro motor elétrico.

Na nossa atividade, os motores síncronos de ímanes permanentes estão a encontrar novas aplicações, particularmente nos motores EC (motores comutados eletronicamente). Esta tecnologia está a ser cada vez mais utilizada, particularmente em sistemas de ventilação e extração. Estes motores são utilizados para variação de velocidade, por exemplo, para controlar a pressão de condensação em sistemas de refrigeração.

Neste trabalho, apresentamos a máquina síncrona de ímanes permanentes, a sua construção, o princípio geral, os tipos de MSAP, a utilização de MSAP e as vantagens e desvantagens.

2. Definição de máquina síncrona de ímanes permanentes :

As máquinas eléctricas são dispositivos electromecânicos baseados no eletromagnetismo que convertem a energia eléctrica em trabalho ou energia mecânica, por exemplo. Este processo é reversível e pode ser utilizado para produzir eletricidade:

• As máquinas eléctricas que produzem energia eléctrica a partir de energia mecânica são normalmente designadas por geradores, dínamos ou alternadores, consoante a tecnologia utilizada.

• As máquinas eléctricas que produzem energia mecânica a partir de energia
eléctrica
a energia eléctrica são normalmente designadas por motores.

Por exemplo, os motores assíncronos trifásicos de gaiola já não são utilizados apenas para o acoplamento e, graças à eletrónica de potência (variadores de frequência), o seu campo de aplicação mudou consideravelmente.

No entanto, como todas estas máquinas eléctricas são reversíveis e podem comportar-se quer como "motor" quer como "gerador" nos quatro quadrantes do plano binário-velocidadeN 1,1,2,3, a distinção motor/gerador é feita "comunitariamente" em relação à utilização final da máquina.

Os motores rotativos produzem energia correspondente ao produto do binário e do deslocamento angular (rotação), enquanto os motores lineares produzem energia correspondente ao produto da força e do deslocamento linear.

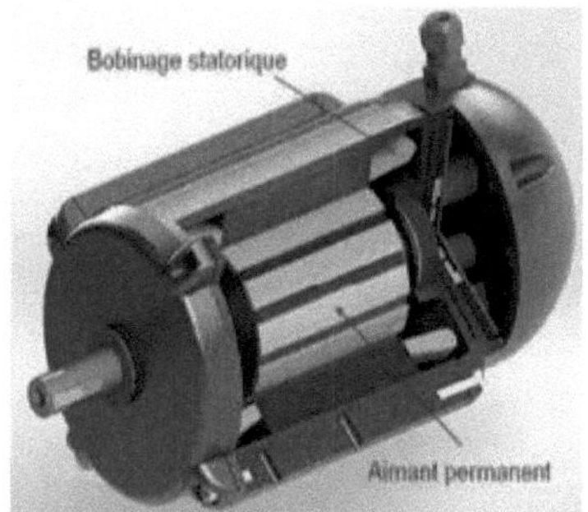

As máquinas síncronas magnéticas Parmanent são conversores de energia mecânica em energia

máquina eléctrica de corrente alternada (alternador) ou, inversamente, (motor síncrono), é uma máquina eléctrica de corrente alternada com um estator, cujo rotor roda exatamente à velocidade síncrona dos excêntricos em rotação estática dada por

$$N_s = \frac{60 f_s}{p} = N$$

fs frequência da corrente do estator

Ns=velocidade mecânica do rotor[rd/s]

P: número de pares de pólos

O MSAP está equipado com ímanes ligados ao rotor (existe também uma outra variante de rotor, o MS com um circuito de excitação: bobina de excitação transportada por corrente contínua j ou If).

Os motores de ímanes permanentes podem aceitar correntes de sobrecarga elevadas para um arranque rápido. Combinados com variadores electrónicos de velocidade, são utilizados em certas aplicações de acionamento de elevadores onde é necessário um certo grau de compacidade e aceleração rápida (edifícios altos, por exemplo). Neste caso, a excitação é criada por ímanes permanentes. O binário instantâneo (em qualquer configuração de máquina magnética) é a soma de três binários elementares: o binário de relutância, o binário híbrido e o binário de retenção.

3. Construção do MSAP :

O MSAP é composto por :

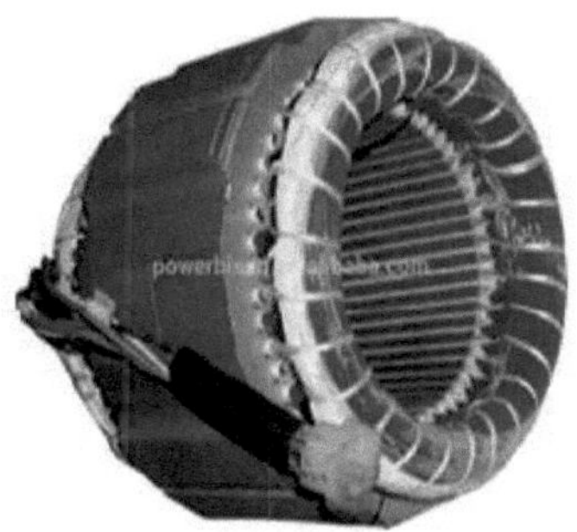

Estator: é a parte fixa e compreende um enrolamento trifásico através do qual flui um sistema de corrente/tensão alternada com uma frequência de fs=50/60 HZ.

Esta bobina cria uma massa magnética que gira estatoricamente com uma pulsação de

$$W_s = w = p\Omega_s$$

Os condutores de um enrolamento de estator são laminados para reduzir as perdas magnéticas (disco de folhas magnéticas isoladas umas das outras).

Rotor :

Esta é a parte rotativa, que transporta a corrente de excitação e é um íman permanente com o mesmo número de pólos que o estator, produzindo um bloco magnético rotativo do rotor (o rotor é polar e acciona o bloco do estator).

4. Princípio de funcionamento :

Alternador: o rotor é acionado (bobina monofásica com 2 pólos e um enrolamento de corrente contínua). O estator, uma bobina trifásica com 2 pólos, será sujeito a um choque do rotor (o estator é a neve EMF induzida).
Se a bobina do estator fornecer uma carga trifásica equilibrada, fornece um sistema trifásico equilibrado com pulsação $W_s = p\Omega$

Motor: o estator é alimentado com uma potência SCTE ws para criar uma massa rotativa a Q=ws/p. O enrolamento do rotor é enrolado em corrente contínua ainda parado e, consequentemente, o rotor é sujeito a um binário EMF induzido.

5. Tipos de MSAP :

Existem dois tipos de MSAp :

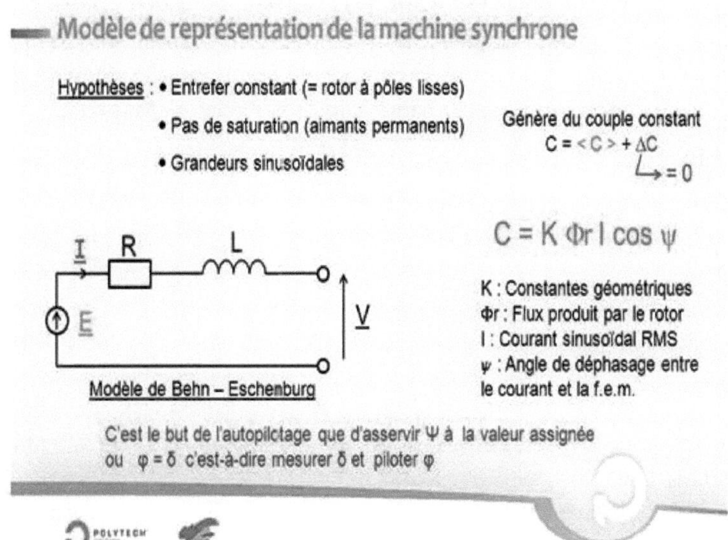

Máquina de pólos lisos: o enrolamento de campo é distribuído em ranhuras de forma semelhante à armadura, neste caso a relutância do circuito magnético entre o estator e o rotor é praticamente constante e independente da posição do rotor (entreferro constante).

Estas máquinas são robustas e podem suportar velocidades de rotação elevadas, máquinas de grande potência (50 000 KVA) (turbo alternador).

2-máquina com pólos salientes: em que o enrolamento de campo está concentrado num raio, para além do enrolamento de excitação. O rotor MS tem uma gaiola de curto-circuito semelhante à do "amortecedor" Mas sit.

Rotor à pôles saillants   **Rotor à pôles lisses**

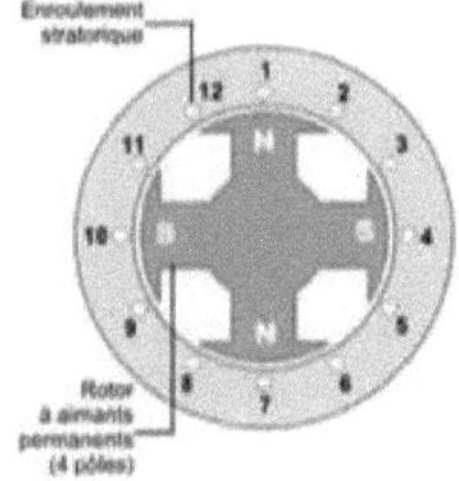

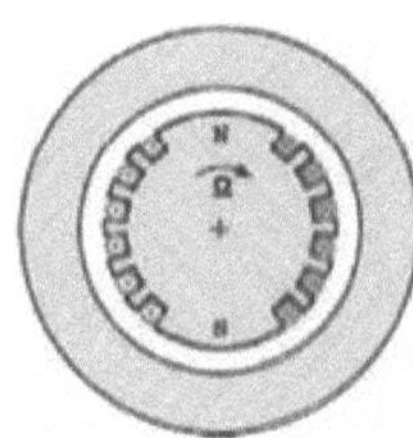

Papel dos amortecedores: como o próprio nome indica, o amortecimento :

1- Ocorre em qualquer mudança súbita de regime

2- Curto-circuito bifásico, uma fase aberta

3- Também permite o arranque assíncrono do motor síncrono.

6. A emoção da EM :

O indutor é alimentado por uma corrente contínua e é um eletroíman cuja função é criar uma massa magnética rotativa à medida que o rotor roda.

Podemos utilizar uma fonte auxiliar (escovas + anéis)

Ulitização de um gerador de corrente contínua na extremidade do eixo, a corrente é ajustada através do ajuste da corrente de campo do gerador de corrente contínua.

Utilização de excitação estática (sem colectores, sem esgrimistas).

Equilíbrio de poder
Bilan de puissance

Considérons à nouveau le circuit équivalent de référence des machines à pôles lisses.

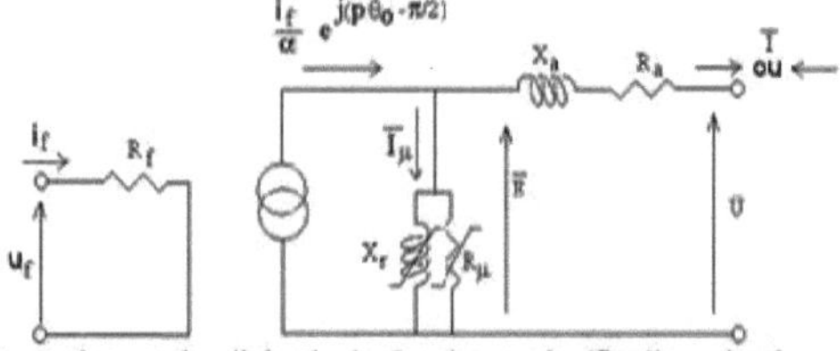

Les grandeurs de ce circuit équivalent ont une signification physique.

$3\,R_a\,I^2$ correspondent bien aux pertes par effet Joule.

$3\,E^2/R_\mu$ ou $E_L{}^2/R_\mu$ correspondent bien aux pertes magnétiques du stator (que dire du rotor ?).

$R_f\,I_f^2$ correspond bien aux pertes d 'excitation.

La puissance convertie en puissance mécanique est donc clairement le triple de la puissance de la source de courant !

ELEC2753 - 2012 - Université catholique de Louvain

Vejamos novamente o circuito de referência equivalente para máquinas com pólos lisos .

As grandezas deste circuito equivalente têm um significado físico.

$3\,R_a\,I^2$ correspondem a perdas por efeito de Joule.

$3\,E^2/R_{AL}$ ou $E/R^{\wedge}$ correspondem às perdas magnéticas do estator (e do rotor?).

$I_f^2 R$ Corresponde às perdas de excitação.

A potência convertida em potência mecânica é claramente o triplo da potência da fonte de corrente !

ELEC2"53 - 2012 - Universidade Católica de Lovaina

7. A utilização do MS :

A máquina síncrona é frequentemente utilizada como gerador. É então designada por "alternador". Com exceção dos geradores de baixa potência, estas máquinas são geralmente trifásicas. Para produzir eletricidade, as centrais eléctricas utilizam alternadores cuja potência pode ser da ordem dos 1.500 MW.

Como o nome indica, a velocidade de rotação destas máquinas é sempre proporcional à frequência das correntes que as atravessam. Este tipo de máquina pode ser utilizado para aumentar o fator de potência de uma instalação. É o chamado "compensador síncrono".

As máquinas síncronas são também utilizadas em sistemas de tração (como o TGV); neste caso, são frequentemente combinadas com inversores de corrente, que permitem controlar o binário do motor com um mínimo de corrente. É o chamado controlo autopilot (servo-controlo das correntes do estator em função da posição do rotor).

Os MSAPs são utilizados para pequenas potências (<10KW). O rotor é um íman permanente e não tem comutador ou escovas.

São utilizados em certas aplicações de motorização de elevadores que requerem um certo grau de compacidade e uma aceleração rápida (por exemplo, edifícios altos).

8. Vantagens e desvantagens

A máquina síncrona com ímanes permanentes na superfície parece ser a melhor escolha para o motor de roda. Estas máquinas têm, de facto, vantagens significativas:

Elevadas relações binário/massa e potência/massa.

Muito bom desempenho.

Menos desgaste e menos custos de manutenção (sem escovas ou escovas de carvão).

9. No entanto, têm alguns inconvenientes:

- Custo elevado (devido ao preço dos ímanes).
- Problemas com a resistência do íman à temperatura (250°C para samário-cobalto)
- Risco de desmagnetização irreversível dos ímanes devido à reação da armadura.
- Difícil de deflacionar e eletrónica de controlo complexa (é necessário um sensor de posição).
- Impossível regular a excitação.
- Para atingir velocidades elevadas, é necessário aumentar a corrente do estator para desmagnetizar a máquina. Isto conduz inevitavelmente a um aumento das perdas no estator devido ao efeito Joule.
- O facto de este fluxo não ser regulado significa que não pode ser controlado de forma flexível numa gama de velocidades muito ampla.

10. Conclusão

Este trabalho é uma apresentação sobre as máquinas síncronas de ímanes permanentes, que são geralmente máquinas <u>trifásicas</u>. O rotor, muitas vezes chamado "roda de pólos", é alimentado por uma fonte <u>de corrente contínua</u> ou equipado com <u>ímanes permanentes</u>. Desempenham um papel muito importante no domínio industrial porque são :

Elevadas relações binário/massa e potência/massa.

Muito bom desempenho.

Menos desgaste e custos de manutenção mais baixos

Mas também têm algumas desvantagens, tais como :

Custo elevado.

Problema com a resistência do íman à temperatura.

controlo (é necessário um sensor de posição).

Impossível regular a excitação.

Para atingir velocidades elevadas, é necessário aumentar a corrente do estator para desmagnetizar a máquina.

45

Bibliografia

1. Quadrantes II ou IV do plano binário-velocidade (conhecidos como os "quatro quadrantes"), apresentados no artigo "Quadrante (matemática)", com a velocidade na ordenada e o binário na abcissa. Como todas as máquinas eléctricas - que são, por natureza, reversíveis - uma máquina síncrona muda sem problemas entre o funcionamento de "motor" e de "gerador" simplesmente invertendo o sinal do binário (carga acionada ou conduzida, por exemplo durante as fases de aceleração ou de travagem) ou o sinal da velocidade (inversão do sentido de rotação).

2. BTS Electrotechnique (segundo ano) - Machine a courant direct - Quadrants de fonctionnement [arquivo], site physique.vije.net, consultado em 8 de agosto de 2012.

3. [et b]a Robert Chauprade, Francis Milsant, *Commande electronique des moteurs a courant alternatif - A l'usage de l'enseignement superieur, ecoles d'ingenieurs, facultes, CNAM,* Paris, ed. Eyrolles, coll. " Ingenieurs EEA ", 1980, 200 p., p. 86-92.

4. Nos quadrantes I ou III do plano binário-velocidade definido na nota anterior.

5. Descrição de um motor síncrono [arquivo], em sitelec.org, 7 de setembro de 2001, acedido em 28 de março de 2012.

6. [et b]a Ilarion Pavel, p. 18-28.

7. [et b]**a (en)** P. Zimmermann, "Electronically Commutated D.C. Feed Drives for Machines Tools", Robert Bosch GmbH - Geschaftsbereich Industrieaurustung, Erbach, Alemanha, p. 69-86, in *Proceding of PCI Motorcon,* setembro de 1982, p. 78-81.

8. a b et c " Estabilidade dinâmica das redes eléctricas industriais   redes eléctricas industriais

" [arquivo] (consultado em 18 de dezembro de 2012) [PDF].

9. Diagrama retirado de *Grundlagen der Hochspannungs- und Energieubertragungstechnik,* TU Munich, p. 246.

10. Mikhail Kostenko e Ludvik Piotrovski, Electrical Machines, *t. II,* Alternating Current Machines, *Moscow Publishing House (MIR), 1969; 3ª edição, 1979, 766p.*

11. Ilarion Pavel, "A invenção do motor síncrono por Nikola Tesla" *[arquivo] [PDF],*

12. em bibnum.education.fr [arquivo], *bibnum [arquivo], janeiro de 2013.*

I want morebooks!

Buy your books fast and straightforward online - at one of world's fastest growing online book stores! Environmentally sound due to Print-on-Demand technologies.

Buy your books online at
www.morebooks.shop

Compre os seus livros mais rápido e diretamente na internet, em uma das livrarias on-line com o maior crescimento no mundo! Produção que protege o meio ambiente através das tecnologias de impressão sob demanda.

Compre os seus livros on-line em
www.morebooks.shop

Printed by Books on Demand GmbH, Norderstedt / Germany